SUR LES

CORPUSCULES ORGANISÉS

QUI EXISTENT

DANS L'ATMOSPHÈRE.

EXAMEN DE LA DOCTRINE DES GÉNÉRATIONS SPONTANÉES.

———

LEÇON PROFESSÉE A LA SOCIÉTÉ CHIMIQUE DE PARIS

LE 19 MAI 1861

PAR M. L. PASTEUR

MEMBRE DE LA SOCIÉTÉ CHIMIQUE DE PARIS.

1862

Messieurs,

Existe-t-il des circonstances dans lesquelles on ait vu se produire des générations spontanées, dans les-quelles on ait vu la matière ayant appartenu à des êtres vivants conserver en quelque sorte un reste de vie et s'organiser d'elle-même? Voilà la question à résoudre. Il ne s'agit ici ni de religion, ni de philoso-phie, ni de systèmes quelconques. Peu importent les affirmations ou les vues à priori. C'est une question de fait. Et, vous le remarquerez, je n'ai pas la pré-tention d'établir que jamais il n'existe de générations spontanées. Dans les sujets de cet ordre on ne peut pas prouver la négative. Mais j'ai la prétention de démon-trer avec rigueur que dans toutes les expériences où l'on a cru reconnaître l'existence de générations spon-tanées, chez les êtres les plus inférieurs, où le débat se trouve aujourd'hui relégué, l'observateur a été victime d'illusions ou de causes d'erreur qu'il n'a pas aperçues ou qu'il n'a pas su éviter.

Faisons d'abord l'histoire rapide de notre sujet.

Dans l'antiquité et jusqu'à la fin du moyen âge tout le monde croyait aux générations spontanées. Aristote dit que tout corps sec qui devient humide, et tout corps humide qui se sèche, engendrent des animaux. Van-Helmont décrit le moyen de faire naître des souris.

De pareilles erreurs ne pouvaient supporter long-temps l'esprit d'examen qui s'empara de l'Europe au seizième et au dix-septième siècle.

Redi, membre célèbre de l'Académie *del Cimento*, fit voir que les vers de la chair en putréfaction étaient des larves d'œufs de mouches. Ses preuves étaient aussi simples que décisives, car il montra qu'il suffi-sait d'entourer d'une gaze fine la matière en putréfaction pour empêcher d'une manière absolue la naissance de ces larves.

Mais bientôt dans la seconde partie du dix-septième siècle et la première moitié du dix-huitième, les ob-servations se multiplièrent à l'envi, à l'aide du précieux et nouvel instrument que l'on venait de découvrir et auquel on avait donné le nom de micro-scope. La doctrine des générations spontanées reparut alors. Les uns, ne pouvant s'expliquer l'origine de ces êtres si variés que le microscope faisait apercevoir dans les infusions des matières végétales et animales, et ne voyant chez eux rien qui ressemblât à une génération sexuelle, furent portés à admettre que la matière qui avait eu vie conservait une vitalité propre, sous l'influence de laquelle ses parties disjointes se réunissaient de nouveau, dans certaines conditions favorables, et avec des variétés de structure et d'or-ganisation que ces conditions mêmes déterminaient.

D'autres au contraire, ajoutant par l'imagination aux résultats merveilleux que l'observation leur faisait découvrir, croyaient voir des accouplements dans ces infusoires, des mâles, des femelles, des œufs, et se posaient en adversaires déclarés de la génération spontanée.

Il faut bien le reconnaître, les preuves à l'appui de l'une ou de l'autre opinion ne soutenaient guère l'examen.

La question en était là lorsque parut à Londres, en 1745, un ouvrage de Needham, observateur habile et prêtre catholique d'une foi vive, circonstance qui, dans un tel sujet, s'offrait comme un sûr garant de la sincérité de ses convictions.

Dans cet ouvrage, la doctrine des générations spontanées était appuyée par des expériences directes d'un genre tout nouveau.

L'ouvrage de Needham eut un grand retentissement.

Deux années ne s'étaient pas écoulées depuis sa publication que la Société royale de Londres admettait son auteur au nombre de ses membres. Plus tard il devint l'un des huit associés de l'Académie des sciences.

D'ailleurs Buffon prêta aux idées de Needham, sur la génération spontanée, l'appui de son beau langage. Son système des *molécules organiques* n'est qu'une variante des idées de Needham sur la *force végétative*. Il est présumable que les résultats de Needham eurent une grande influence sur les vues de Buffon, car c'est à l'époque même où cet illustre naturaliste rédigeait son ouvrage, que Needham fit un voyage à Paris, durant lequel il fut le commensal de Buffon.

Mais les conclusions de Needham ne tardèrent pas à être soumises à une vérification expérimentale. Il y avait alors en Italie l'un des plus habiles physiologistes dont la science puisse s'honorer, le plus ingénieux, le plus difficile à satisfaire, l'abbé Spallanzani.

L'expérience seule pouvait condamner ou absoudre les opinions de Needham. C'est ce que Spallanzani comprit très-bien. « Dans plusieurs villes d'Italie, dit-il, on a vu des partis formés contre l'opinion de M. de Needham ; mais je ne crois pas que personne ait jamais songé à l'examiner par la voie de l'expérience. »

Il serait sans utilité de présenter un historique complet de la querelle des deux savants naturalistes. Mais il importe de bien préciser la difficulté expérimentale à laquelle ils appliquèrent plus particulièrement leurs efforts, et de rechercher si ce long débat avait éloigné tous les doutes. C'est ce que l'on croit généralement. Spallanzani est volontiers regardé comme l'adversaire victorieux de Needham. Un examen impartial de leurs observations contradictoires sur le point le plus délicat du sujet va nous montrer que Needham ne pouvait, en toute justice, abandonner sa doctrine en présence des travaux de Spallanzani.

J'ai dit que Needham avait appuyé la doctrine des générations spontanées sur des expériences directes. C'est lui en effet qui est l'auteur de la méthode des expériences en vases clos exposés préalablement à l'action du feu.

« M. de Needham, dit Spallanzani, nous assure que les expériences ainsi disposées ont toujours réussi fort heureusement entre ses mains, c'est-à-dire que les infusions ont montré des infusoires et que c'est là ce qui a mis le sceau à son système.

« Si après avoir purgé, ajoute Spallanzani, par le moyen du feu, et les substances que l'on met dans les vases et l'air contenu dans ces mêmes vases, on porte encore la précaution jusqu'à leur ôter toute communication avec l'air ambiant, et que malgré cela, à l'ouverture des fioles, on y trouve encore des animaux vivants, cela deviendra une forte preuve contre le système des ovaires; *j'ignore même ce que ses partisans pourront y répondre.* »

Notez bien ces derniers mots. Ils prouvent que Spallanzani plaçait dans le résultat des expériences ainsi conduites le criterium de la vérité ou de l'erreur. Or, nous allons voir que tel était également l'avis de

Needham, par la citation suivante, extraite des notes de Needham :

« Il ne me reste plus, dit Needham, qu'à parler de la dernière expérience de Spallanzani, qu'il regarde lui-même comme la seule de toute sa dissertation qui paraît avoir quelque force contre mes principes.

« Il a scellé hermétiquement dix-neuf vases remplis de différentes substances végétales, et il les a fait bouillir, ainsi fermés, pendant l'espace d'une heure. Mais de la façon qu'il a traité et mis à la torture ses dix-neuf infusions végétales, il est visible que non-seulement il a beaucoup affaibli, ou peut-être totalement anéanti la *force végétative* des substances infusées, mais aussi qu'il a entièrement corrompu, par les exhalaisons et par l'ardeur du feu, la petite portion d'air qui restait dans la partie vide de ses fioles.

« Voici donc ma dernière proposition et le résultat de tout mon travail en peu de mots : qu'il se serve, en renouvelant ses expériences, de substances suffisamment cuites pour détruire tous les prétendus germes qu'on croit attachés ou aux substances mêmes ou aux parois intérieures, ou flottants dans l'air du vase ; qu'il plonge ensuite ses vases, scellés hermétiquement, dans l'eau bouillante pendant quelques minutes, le temps seulement qu'il faut pour durcir un œuf de poule et pour faire périr les germes, et je réponds qu'il trouvera toujours de ces êtres vitaux microscopiques en nombre suffisant pour prouver mes principes. S'il ne trouve, à l'ouverture de ses vases, après les avoir laissés reposer le temps nécessaire à la génération de ces corps, rien de vital ni aucun signe de vie, en se conformant à ces conditions, j'abandonne mon système et je renonce à mes idées. C'est, je crois, tout ce qu'un adversaire judicieux peut exiger de moi. »

Voilà certes le débat bien nettement limité entre les deux observateurs. C'est dans le chap. iii du tome premier de ses *Opuscules* que Spallanzani aborde cette difficulté décisive. Et quelle est sa conclusion ? Pour supprimer toute production d'infusoires il est nécessaire de maintenir trois quarts d'heure les infusions à la température de l'eau bouillante.

Or, cette durée obligée d'une température de 100° pendant trois quarts d'heure ne justifiait-elle pas les craintes de Needham sur une altération possible de l'air des vases ? Il aurait fallu tout au moins que Spallanzani joignît à ses expériences une analyse de cet air, mais la science n'était pas encore assez avancée. L'eudiométrie n'était pas créée. La composition de l'air était à peine connue.

Mais bien plus, nous allons voir les objections de Needham légitimées, au moins en apparence, par les progrès ultérieurs de la science.

Appert appliqua à l'économie domestique les résultats des expériences de Spallanzani effectuées selon la méthode de Needham. Par exemple, l'une des expériences du savant italien consiste à introduire des petits pois avec de l'eau dans un vase de verre que l'on ferme ensuite hermétiquement, après quoi on le maintient dans l'eau bouillante pendant trois quarts d'heure. C'est bien le procédé d'Appert. Or, Gay-Lussac, voulant se rendre compte de ce procédé, le soumit à divers essais et arriva au résultat suivant :

« On peut se convaincre, dit Gay-Lussac, en analysant l'air des bouteilles dans lesquelles les substances (bœuf, mouton, poisson, champignons, moût de raisin) ont été bien conservées, qu'il ne contient plus d'oxygène, et que l'absence de ce gaz est par conséquent une condition nécessaire pour la conservation des substances animales et végétales. »

Ne prenons que la première partie de cette assertion de Gay-Lussac, à savoir, qu'il n'y a plus d'oxygène dans les conserves d'Appert. Ne voyez-vous pas qu'elle justifie les craintes de Needham sur une altération de l'air des vases dans les expériences de Spallanzani? Comme je le disais tout à l'heure, par conséquent, Spallanzani n'avait pas triomphé des objections de Needham.

Mais vous allez reconnaître que ceci n'est que la surface des choses.

Au mois de février 1837, le docteur Schwann, de Berlin, ajouta un progrès notable dans la question qui nous occupe. Il publia le fait suivant : Une infusion de chair est mise dans un ballon de verre. On ferme ensuite le ballon à la lampe, puis on l'expose tout entier à la température de l'eau bouillante, et après son refroidissement on l'abandonne à lui-même. Le liquide ne se putréfie pas. Jusque-là rien de bien nouveau. C'est une conserve d'Appert. Le docteur Schwann ne parle pas des expériences d'Appert, de Gay-Lussac, de Spallanzani. — Je répare cet oubli, parce que l'une de mes préoccupations dans cette leçon sera de chercher à rendre à chaque expérimentateur la part de progrès qui lui est due. Mais il était désirable, ajoute M. Schwann, de modifier l'essai de telle manière qu'un renouvellement de l'air devînt possible, avec cette condition toutefois, que le nouvel air fût préalablement chauffé comme l'est celui du ballon à l'origine. Alors M. Schwann répète l'expérience précédente, en faisant arriver dans le ballon, aussitôt après l'ébullition, de l'air froid, mais qui passait préalablement dans des tubes de verre entourés de bains d'alliage fusible. Le résultat fut le même, il n'y eut pas d'altération du liquide organique.

C'était là un grand progrès. En effet, cela montrait

l'erreur de l'interprétation de Gay-Lussac, relative à l'influence du gaz oxygène dans l'altération des conserves. Non, l'absence de l'oxygène n'est pas, comme le pensait Gay-Lussac, une condition nécessaire de l'inaltérabilité des conserves d'Appert.

Voilà le progrès du docteur Schwann. Il a montré que les conserves d'Appert continuaient de se conserver en présence de l'air, pourvu que l'air eût été chauffé. Et il a donné raison à Spallanzani contre Needham.

Quelle fut, messieurs, la conclusion que le docteur Schwann déduisit de son expérience ? Que ce n'est pas l'oxygène seul qui occasionne la putréfaction, mais un principe renfermé dans l'air ordinaire, que la chaleur peut détruire. — La réserve de cette conclusion mérite d'être remarquée. Il ne dit pas que par la chaleur il détruit des germes. C'eût été aller au delà des faits. C'eût été ajouter une hypothèse à son travail, bien que l'on voie qu'il penche à croire que ses résultats sont favorables à la vieille hypothèse de la dissémination des germes.

Les expériences du docteur Schwann ont été répétées et modifiées par divers observateurs. MM. Ure et Helmholtz ont confirmé ses résultats par des expériences analogues aux siennes. M. Schultze, au lieu de calciner l'air avant de le mettre au contact des conserves d'Appert, le fit passer à travers des réactifs chimiques énergiques, potasse et acide sulfurique concentrés. MM. Schrœder et Dusch imaginèrent de filtrer l'air à travers du coton, au lieu de le modifier par une température élevée ou par les réactifs chimiques. Le premier mémoire de M. Schrœder a paru en 1854, le second en 1859. Ce sont d'excellents travaux, qui ont en outre le mérite historique de montrer l'état de la question qui nous occupe à la date de 1859. Je vais en présenter le résumé rapide.

On savait depuis longtemps, et dès les premières discussions sur la génération spontanée, qu'une gaze fine, déjà employée avec tant de succès par Redi, suffisait pour empêcher ou tout au moins pour modifier singulièrement l'altération des infusions. Ce fait même était au nombre de ceux qu'invoquaient alors de préférence les adversaires de la doctrine des générations spontanées.

Voici, par exemple, un passage d'un ouvrage bien connu sur le microscope, par Baker, membre de la Société royale de Londres, dont la traduction française parut en 1754.

« J'ai trouvé constamment, dit Baker, que si l'infusion (de poivre, de foin) est couverte d'une mousseline ou d'une autre toile fine, il ne s'y produit que très-peu d'animaux, mais que si l'on ôte cette couverture, elle est dans peu de jours pleine de vie.... Comme les œufs de ces petites créatures sont moins pesants que l'air, il peut se faire qu'il en flotte continuellement des millions dans l'air, et qu'étant portés indifféremment de tous les côtés, il en périsse un grand nombre dans les endroits qui ne conviennent pas à leur nature.... Il y a des gens qui s'imaginent que les œufs de ces petits animaux sont logés dans le poivre, dans le foin, ou dans toutes les autres matières que l'on met dans l'eau ; mais, si cela était, je ne saurais comprendre comment une petite couverture d'une toile fine, qui n'empêche pas l'air de pénétrer, pourrait empêcher ces œufs d'éclore. »

Guidés sans doute par ces faits, et surtout, comme ils le disent expressément, par les expériences ingénieuses de M. Lœwel, qui reconnut que l'air ordinaire était impropre à provoquer la cristallisation du sulfate de soude, lorsqu'il avait été filtré sur du coton,

MM. Schrœder et Dusch ont procédé de la manière suivante :

Un ballon de verre reçoit la matière organique. Le bouchon du ballon est traversé par deux tubes recourbés à angle droit. L'un de ces tubes communique avec un aspirateur à eau ; l'autre à un large tube d'un pouce de diamètre et de vingt pouces de longueur, rempli de coton. On chauffait alors la matière organique en maintenant l'ébullition un temps suffisant pour que tous les tubes de communication fussent échauffés fortement par la vapeur d'eau. Alors on ouvrait le robinet de l'aspirateur.

Dans leur premier travail, MM. Schrœder et Dusch ont opéré : 1° Sur de la viande avec addition d'eau ;

2° Sur le moût de bière ;

3° Sur le lait ;

4° Sur la viande sans addition d'eau.

Dans les deux premiers cas, l'air filtré à travers le coton a laissé intactes les liqueurs. Mais le lait s'est caillé et la viande sans eau est entrée en putréfaction.

« Il semble donc résulter de ces expériences, disent MM. Schrœder et Dusch, qu'il y a des décompositions spontanées de substances organiques qui n'ont besoin pour commencer que de la présence du gaz oxygène. Par exemple, la putréfaction de la viande sans eau, la putréfaction de la caséine du lait, et la transformation du sucre de lait en acide lactique. Mais à côté il y aurait d'autres phénomènes de putréfaction et de fermentation placés à tort dans la même catégorie que les précédents, tels que la putréfaction du jus de viande et la fermentation alcoolique, qui exigeraient pour commencer, outre l'oxygène, ces choses inconnues mêlées à l'air atmosphérique, qui sont détruites par la chaleur d'après les expériences de Schwann, et d'après les nôtres par la filtration de cet air à travers le coton. Comme il reste ici encore tant de questions à décider par la voie de l'expérience, nous nous abstiendrons de déduire aucune conclusion théorique de nos expériences. »

M. Schrœder revint seul sur le sujet en 1859, dans un mémoire qui traite en outre de la cause de la cristallisation. Ce nouveau travail ne conduisit pas davantage son auteur à des conclusions dégagées de toute incertitude. Il y fait connaître de nouveaux liquides organiques qui ne se putréfient pas lorsqu'on les met au contact de l'air filtré, et il ajoute le jaune d'œuf à la liste de ceux qui, comme le lait et la viande sans eau, se putréfient dans l'air filtré sur le coton.

« On pourrait admettre, dit-il, que l'air frais renferme une substance active qui provoque les phénomènes de fermentation alcoolique et de putréfaction, substance que la chaleur détruirait ou que le coton arrêterait. Mais faut-il regarder cette substance active comme formée de germes organisés microscopiques disséminés dans l'air, ou bien est-ce une substance chimique encore inconnue? je l'ignore. »

Puis il arrive aux phénomènes de cristallisation par l'air libre, ou par l'air filtré à la manière de Lœwel, et il finit par identifier complétement la cause de la cristallisation et de la putréfaction.

Remarquez-le bien, messieurs, ce travail est de 1859. Vous comprendrez maintenant les difficultés qui, à cette date, devaient assiéger tout esprit impartial, libre d'idées préconçues, et désireux de se former une opinion dûment motivée sur cette grave question des générations spontanées? Tous ceux qui la croyaient résolue en connaissaient mal l'histoire.

Spallanzani n'avait pas triomphé des objections de

Needham, et MM. Schwann, Schultze et Schrœder n'avaient fait que démontrer l'existence dans l'air d'un principe inconnu, comme ils le disent expressément, qui était la condition de la vie dans les infusions.

Et puis, les expériences de Schwann, de Schultze, de Schrœder échouaient quand on les répétait sur certains liquides. Bien plus, elles échouaient constamment et pour tous les liquides lorsqu'on employait la cuve à mercure.

Aussi lorsque, postérieurement aux travaux dont je viens de parler, à la fin de l'année 1859, un habile naturaliste de Rouen, M. Pouchet, membre correspondant de l'Académie, vint annoncer des résultats sur lesquels il croyait asseoir d'une manière définitive la doctrine des générations spontanées, personne ne sut indiquer la véritable cause d'erreur de ses expériences. Et bientôt l'Académie des sciences, malgré les protestations qui avaient accueilli dans son sein les communications de M. Pouchet, comprenant tout ce qui restait encore à faire, proposa pour sujet de prix la question suivante :

« Essayer, par des expériences bien faites, précises, rigoureuses, également étudiées dans toutes leurs circonstances, de jeter un jour nouveau sur la question des générations spontanées. »

La question paraissait alors si obscure, que M. Biot, dont la bienveillance n'a jamais fait défaut à mes études, me voyait avec peine engagé dans ces recherches, et réclamait de ma déférence à ses conseils l'acceptation d'une limite de temps au delà de laquelle j'abandonnerais ce sujet, si je n'avais pas vaincu les difficultés qui m'arrêtaient. Notre illustre président, M. Dumas, dont la bienveillance a souvent conspiré en ce qui me touche avec celle de M. Biot, se rappellera peut-être qu'à la même époque il me disait : « Je ne conseillerais à personne de rester trop longtemps dans ce sujet. »

Mais quel besoin avais-je donc de m'attacher à cette étude? Un besoin impérieux que vous allez comprendre.

Les chimistes ont découvert depuis vingt ans une foule de phénomènes vraiment extraordinaires, désignés sous le nom générique et déjà bien ancien de fermentations. Tous ces phénomènes exigent le concours de deux matières, l'une dite fermentescible, telle que le sucre, l'autre azotée, appelée ferment, qui est toujours une matière albuminoïde. Or voici la théorie qui était universellement admise : Les matières albuminoïdes exposées au contact de l'air éprouvent une altération, une oxydation particulière de nature inconnue, qui leur donne le caractère de ferment, c'est-à-dire la propriété d'agir ensuite par leur contact sur les substances fermentescibles.

Il y avait bien une fermentation, la plus ancienne et la plus remarquable de toutes, la fermentation alcoolique, où le ferment était un végétal microscopique. Mais comme dans toutes les fermentations de découverte plus moderne on n'avait pu reconnaître des êtres organisés, on avait abandonné peu à peu, bien à regret sans doute, l'hypothèse d'une relation probable entre l'organisation de ce ferment et sa propriété d'être ferment, et l'on appliquait à la levûre de bière la théorie générale, et l'on disait : ce n'est pas parce qu'elle est organisée qu'elle agit, c'est parce qu'elle a été au contact de l'air, et c'est la portion de la levûre qui est morte, qui est en voie de putréfaction, qui agit sur le sucre.

Dans des études persévérantes et qui sont bien loin le leur terme, j'arrivai à des conclusions entièrement différentes et je reconnus que toutes les fermentations proprement dites, visqueuse, lactique, butyrique, la fermentation de l'acide tartrique, de l'acide malique.... étaient toujours coexistantes de la présence d'êtres organisés, et que loin que l'organisation de la levûre de bière fût une chose gênante pour la théorie, c'était par là au contraire qu'elle rentrait dans la loi commune et qu'elle était le type de tous les ferments proprement dits. En d'autres termes, je trouvais que les matières albuminoïdes, dans les fermentations proprement dites, n'étaient jamais des ferments, mais l'aliment des ferments, et que les vrais ferments étaient des êtres organisés. Or ils prennent naissance, on le savait, par le fait du contact des matières albuminoïdes et de l'oxygène. Dès lors, de deux choses l'une : ces ferments organisés étaient des générations spontanées, si l'oxygène seul, en tant qu'oxygène, leur donnait naissance par son contact avec les matières organisées ; ou bien ces ferments organisés n'étaient pas des générations spontanées, et alors ce n'était pas en tant qu'oxygène seul que ce gaz agissait, mais comme excitant d'un germe apporté en même temps que lui ou existant dans les matières. Voilà comment il était indispensable, au point où je me trouvais de mes études sur les fermentations, que je résolusse, s'il était possible, la question des générations spontanées. Les recherches dont j'ai maintenant à vous rendre compte n'ont donc été qu'une digression, mais une digression obligée de mes travaux sur les fermentations. Et c'est ainsi que j'ai été conduit à m'occuper d'un sujet qui jusque-là n'avait exercé que la sagacité des naturalistes.

Si je ne me trompe, messieurs, l'analyse des travaux que je viens de vous présenter et qui nous conduit jusqu'à l'année 1859, posait le débat en termes très-nets. La plupart des naturalistes, forts de l'analogie et de la restriction chaque jour plus grande apportée au nombre des faits de génération prétendue spontanée, admettaient l'ancienne hypothèse de la dissémination aérienne des germes, et affirmaient que c'étaient ces germes que l'on arrêtait ou que l'on détruisait dans les expériences de Schwann, de Schultze et de Schrœder. Les partisans de la génération spontanée, au contraire, affirmaient que dans ces expériences on détruisait un principe inconnu, peut-être un gaz analogue à l'ozone, peut-être un fluide.... enfin quelque chose sans vie qui était le *primum movens* de la vie dans les infusions, ainsi que M. Schrœder et M. Schwann lui-même le laissaient supposer. Si ce sont des germes, ajoutaient-ils, montrez-les. Ce sont choses visibles et reconnaissables au microscope. On ne peut pas nier, disaient-ils encore, que dans la poussière déposée à la surface des objets ou des monuments les plus anciens, il n'y ait quelquefois des spores ou des œufs de microzoaires, mais il y en a en nombre excessivement restreint, comme il y a partout des semences voyageuses.

L'un des partisans les plus déclarés de la doctrine des générations spontanées, M. Pouchet, s'exprime ainsi :

« On rencontre parfois dans la poussière quelques œufs de microzoaires, mais c'est une véritable exception. »

Plus loin il dit :

« Parmi les corpuscules de poussière qui appartiennent au règne végétal, il y a des spores de cryptogames, mais en fort petit nombre. Et il ajoute : mais j'ai constamment rencontré une certaine quantité de fécule de blé. Il est évident que c'est cette fécule ou que ce sont des grains de silice que l'on a pris pour des œufs de microzoaires. »

Voilà exactement le point où j'ai pris la question.

Remarquons d'abord qu'il ne sert pas à grand'chose d'étudier la poussière au repos. Quel volume d'air l'a fournie? Il est impossible de le dire. Et puis, des corpuscules en suspension dans l'air quels sont ceux qui se déposent? Les plus lourds, c'est-à-dire les corpuscules minéraux ou les corpuscules organiques du plus grand volume, et ce sont au contraire les plus légers que nous aurions intérêt à recueillir et à étudier.

Or voici un moyen simple de rassembler les corpuscules qui sont en suspension dans l'air, et de les examiner au microscope. Plaçons dans un tube de verre une petite bourre de coton-poudre, de la variété de ce coton qui est soluble dans l'éther acétique ou dans un mélange d'alcool et d'éther. Puis, à l'aide d'un aspirateur à eau, faisons passer dans le tube un volume d'air déterminé. Les particules de poussière seront arrêtées, au moins en très-grande partie, par les fibres du coton. Alors dissolvons le coton dans le mélange éthéré. Par un repos de vingt-quatre heures toutes les poussières tomberont au fond du tube, où il sera facile de les laver plusieurs fois par décantation. On les transporte alors dans un verre de montre, où le restant du liquide s'évapore; puis on les soumet sur le porte-objets du microscope à divers réactifs propres à déceler leur nature. Le mieux est de les délayer dans l'acide sulfurique concentré, qui dissout sur le champ la fécule, et qui n'altère pas la forme de beaucoup de germes des moisissures ou des infusoires, et c'est la forme surtout qui sert à les reconnaître. L'acide sulfurique a en outre l'avantage de disjoindre les corpuscules de nature diverse, de les isoler et de permettre ainsi de mieux reconnaître ceux qui sont organisés; car ces derniers se trouvent souvent englobés par des poussières amorphes qui empêchent de bien distinguer leurs contours.

Cela posé, voici le résultat auquel on arrive. Aux poussières amorphes se trouvent constamment associés des corpuscules évidemment organisés, de volume, de forme et de structure très-variables. J'ai l'honneur de faire passer sous vos yeux quelques dessins qui les représentent. Imaginez de petits globules d'une sphéricité parfaite ou légèrement ovoïdes, translucides ou remplis de granulations, quelquefois avec de petites sphères intérieures qui rappellent tout à fait des nucléus ou des nucléoles de cellules..., et vous aurez une idée de ces corpuscules. Peut-on dire : celui-ci est une spore, celui-là est un œuf? et bien plus, car M. Pouchet voudrait que j'allasse jusque-là, la spore de telle moisissure et l'œuf de tel infusoire? vraiment je ne le crois pas. On peut affirmer la ressemblance parfaite avec des germes d'organismes inférieurs, mais voilà tout.

Et quel en est le nombre? Il est très-variable, suivant les conditions atmosphériques. Ainsi je ne doute pas, d'après ce que j'ai constaté dans ce genre d'études, qu'il serait si utile de poursuivre, d'étendre et de perfectionner, que la transparence de l'air après la pluie est due en grande partie à l'entraînement des poussières à la surface du sol par les gouttes de pluie. Je ne doute pas davantage que le brouillard ne doive une partie de son opacité aux nombreux corpuscules amorphes et organisés qu'il renferme.

Quoi qu'il en soit, voici un résultat qui vous donnera une idée du nombre vraiment notable des corpuscules organisés qui existent en suspension dans l'air d'une rue de Paris peu fréquentée, la rue d'Ulm. Faites passer pendant vingt-quatre heures, après une succession de beaux jours, un courant d'air assez rapide sur une petite bourre de coton d'un centimètre de long sur un demi-centimètre de large (qui n'arrête pas toutes les poussières, car on en retrouve sur une deuxième, sur une troisième.... si on en place plusieurs à la suite dans le même tube), et il sera facile de compter dans la poussière recueillie et délayée dans l'acide sulfurique concentré plusieurs milliers de corpuscules organisés. Le calcul est bien simple en connaissant le rapport des surfaces réelles du champ et de la goutte de liquide étalée, et le nombre moyen de corpuscules que l'on aperçoit dans chaque champ que l'on considère.

M. Pouchet, pour réfuter ces expériences, a opéré sur de la neige fondue. J'ignore si ce moyen vaut le mien. Mais dans tous les cas il aurait fallu faire fondre la première neige tombée, et non la dernière: M. Pouchet dit qu'il s'est servi de la dernière.

Voilà qui est bien acquis : l'air charrie constamment, et par suite laisse déposer sans cesse à la surface des objets, des corpuscules organisés dont la forme et la structure ne permettent pas de les distinguer des germes des organismes les plus inférieurs. Ces corpuscules sont-ils des germes féconds? C'est ce qu'il faut essayer de rechercher par l'expérience. L'expérience est naturellement indiquée : il faut les semer dans une liqueur putrescible propre à la nourriture des infusoires et des cryptogames, et voir ce qui en résultera, avec cette précaution, d'ailleurs indispensable, d'éloigner complétement l'accès de l'air ordinaire, que nous savons être actif sans en connaître la cause, et d'une manière non moins absolue toute manipulation sur la cuve à mercure. Son emploi, je le dirai tout à l'heure, troublerait tous les résultats.

Dans un ballon de 250 centimètres cubes j'introduis 100 centimètres cubes d'eau de levûre sucrée ou non sucrée; j'adapte l'extrémité étirée du col à un tube de platine entouré d'un manchon que l'on chauffe au gaz à une température rouge. Je fais bouillir le liquide, de manière à chasser l'air ordinaire par la vapeur d'eau. Après le refroidissement, le ballon se trouve rempli d'air à la pression ordinaire, et qui a été porté au rouge; on ferme le col à la lampe. Le ballon peut être alors abandonné à lui-même indéfiniment sans éprouver aucune altération.

C'est dans ce ballon que nous allons suivre les effets de l'introduction des poussières de l'air, mais il nous faut une méthode irréprochable, qui éloigne toute cause d'erreur. Supposez pour un instant que nous puissions remplir cette salle d'air calciné. L'opération serait bien simple : nous savons que cet air est inactif sur ce liquide. Nous briserions le ballon et nous introduirions nos poussières. Si un effet quelconque se produisait, il serait dû aux poussières déposées. On ne pourrait l'attribuer à rien autre chose. Eh bien, c'est précisément la condition que nous allons réaliser à l'aide de cet appareil.

Un tube de platine avec son manchon de terre cuite et son appareil à gaz, un tube en T muni de robinets. L'une des branches communique au tube de platine, la deuxième à la machine pneumatique, et la troisième à un gros tube de verre.

Dans ce gros tube plaçons un fragment de l'une de nos bourres de coton chargées de poussières de l'air, à l'aide d'un tube de verre de petit diamètre. Enfin adaptons le ballon à l'aide d'un caoutchouc, ballon que je supposerai être à l'étuve depuis deux mois par exemple. Cela posé, faisons le vide dans l'appareil, après avoir fermé le robinet qui communique au tube de platine; laissons rentrer l'air calciné; et répétons cette manœuvre dix à douze fois. Le petit tube à coton sera entouré d'air calciné, c'est-à-dire inactif, puisque le ballon en est rempli depuis deux mois sans que son liquide ait éprouvé d'altération.

Alors je brise la pointe du ballon à travers le caoutchouc et je laisse glisser le petit tube dans le ballon, que je referme à la lampe et que je reporte à l'étuve, dans la même situation qu'auparavant. Qu'y a-t-il dans ce ballon de plus que tout à l'heure ? Les poussières qui existent dans l'air : rien de plus.

Voyons maintenant les résultats. Après vingt-quatre, trente-six ou quarante-huit heures au plus, on voit toujours des productions organisées apparaître. En plaçant le ballon entre l'œil et la lumière, on les distingue dès leur premier commencement, à cause de la limpidité parfaite du liquide. Cette limpidité n'est troublée que s'il y a formation d'infusoires, et c'est là un excellent indice pour savoir que les infusoires ont pris naissance. Comme ils voyagent partout dans la masse du liquide, ils en troublent promptement la transparence. Les moisissures s'annoncent par des touffes de mycelium plus ou moins serrées, plus ou moins soyeuses, suivant les espèces qui sont nées. Les torulacées s'annoncent de leur côté par des traînées blanches, sous forme de précipités sur les parois du ballon.

Comme on voit bien, en suivant pas à pas ce genre d'expériences, tout ce qu'il y a de faux dans cette assertion des partisans des générations spontanées, à savoir que l'apparition des premiers organismes est toujours précédée par des phénomènes de fermentation ou de putréfaction, et que la formation des animalcules dans les macérations est précédée d'un dégagement de gaz divers dus à la décomposition des substances qu'on a employées, après quoi il se forme à la surface des liquides une pellicule particulière !

Aussi, lorsqu'on me parle de mouvement fermentescible que je détermine dans mes liqueurs en y déposant les poussières, *mouvement fermentescible nécessaire pour l'évolution des forces génésiques*, je ne vois là que des mots vagues auxquels l'expérience m'apprend à ne prêter aucun sens raisonnable.

Mais il y a une contre-épreuve nécessaire. Il faut répéter la même expérience à blanc, afin de voir si la manipulation n'a pas par elle-même une influence sur le résultat. A cet effet, chargeons des poussières qui sont en suspension dans l'air, non plus du coton, mais de l'amiante. L'expérience d'ensemencement réussit tout aussi bien qu'avec le coton. Mais faisons l'essai en passant l'amiante dans la flamme avant de l'introduire dans le petit tube, de manière à détruire tous les germes. On ne verra aucune production d'aucune sorte apparaître dans le ballon à la suite de l'introduction dans le ballon de cette amiante calcinée.

Il est très-curieux d'étudier dans ces expériences l'influence que le développement d'une production peut avoir sur une production voisine. Il n'est pas rare, par exemple, de voir un mycelium dont l'accroissement de volume était chaque jour plus sensible s'arrêter tout à coup parce que le liquide est devenu trouble et que des infusoires ont pris naissance. Cela tient uniquement à ce que les infusoires s'emparent de l'air en dissolution, air nécessaire à la vie de la plante. Pareil effet peut avoir lieu sous l'influence du développement d'un mycelium nouveau plus vivace que le premier. Et, la preuve que c'est simplement l'air qui manque à la plante, c'est que si vous renversez le ballon de manière à amener la plante dans le goulot, et que vous la laissiez là, le goulot incliné, librement exposée à l'air du ballon, vous la voyez en quelques heures reprendre sa marche et, le lendemain, offrir un développement des plus marqués qui, bientôt même enlevant tout l'air, s'oppose au développement des autres productions qui sont dans le liquide du ballon. Si ce sont des infusoires, le liquide s'éclaircit. Ils meurent tous et viennent se déposer au fond du ballon, comme ferait un précipité. Dès qu'il n'y a plus d'oxygène, la vie est suspendue. Les choses restent telles quelles indéfiniment.

La rapidité de l'absorption du gaz oxygène, qui se trouve toujours remplacé par de l'acide carbonique en proportions variables, est souvent considérable. Il suffit quelquefois de deux ou trois jours pour que tout l'oxygène disparaisse.

N'abandonnons pas ce genre d'expérience sans lui faire donner un résultat nouveau bien digne d'intérêt dans le sujet qui nous occupe. On voit que l'appareil est disposé de telle façon qu'il est bien facile de soumettre les poussières à l'action d'une température plus ou moins élevée à l'état sec, avant de les semer dans la liqueur organique. Il suffira de faire plonger le tube en U dans un bain d'eau pure, d'eau saturée de divers sels ou d'huile. Un thermomètre donnera la température exacte du bain.

Cela posé, il sera facile, d'autre part, de comparer l'action de la température sur la fécondité des poussières avec l'action de la température sur la fécondité des véritables spores des moisissures les plus vulgaires.

Eh bien, on arrive à ce résultat, c'est que les poussières qui sont en suspension dans l'air conservent leur fécondité jusqu'à la température de 120° environ. Si l'on élève la température à 130°, les poussières ne donnent plus de productions. Or, les spores des moisissures vulgaires sont dans le même cas. Chauffées à l'abri de toute humidité, elles restent fécondes jusqu'à 120°; mais si la température atteint 130°, elles ne germent plus.

Cette correspondance n'est-elle pas une preuve nouvelle que parmi les corpuscules organisés qui existent dans l'air il y a des spores de cryptogames ?

Les expériences que je viens de rapporter me

paraissent mettre hors de doute que l'origine des productions organisées des infusions qui ont été portées à l'ébullition est due exclusivement aux poussières qui existent en suspension dans l'atmosphère.

Voici une autre méthode d'expérimentation qui achèvera de le démontrer.

Je place dans un ballon une liqueur putrescible, et j'étire ensuite le col en le recourbant et le contournant de diverses manières, puis je fais bouillir le liquide pendant deux à trois minutes. Le liquide reste intact. Je croyais d'abord qu'il fallait placer le ballon dans un lieu tranquille, où l'air ne serait pas agité du tout. C'est inutile. Tout se passe à l'entrée. L'air intérieur fait coussin. Les mouvements ne s'y propagent pas, ou avec tant de lenteur que les poussières entraînées ont le temps de tomber et de s'arrêter en route.

Vient-on, au contraire, à donner un trait de lime au col et à le détacher, au bout de un à deux jours les productions commencent à se montrer.

Vient-on même à donner au liquide des secousses violentes, de manière à déterminer des mouvements brusques de l'air, on peut être sûr de provoquer la naissance des moisissures ou des infusoires.

L'ensemble de ces résultats montre, ce me semble, avec la dernière évidence, que toutes les productions des infusions qui ont été chauffées sont dues exclusivement aux poussières qui sont en suspension dans l'air ; que toute idée de principes mystérieux, fluides, gaz connus ou inconnus, ozone.... doit être écartée.

Il n'y a quoi que ce soit dans l'air, hormis les particules solides qu'il charrie, qui soit une condition de la vie dans les infusions.

Ce résultat est certain. Tout le progrès de mon travail est là. Ne l'exagérons pas, ne le restreignons pas. Soit une infusion organique qui a subi l'ébullition.

Exposée à l'air, elle s'altère, elle montre en très-peu de jours des cryptogames et des infusoires. Eh bien, il est prouvé par mes expériences que son altération est uniquement due à la chute des particules solides que l'air charrie toujours. Rien, rien autre n'est la cause de la vie dans les infusions *qui ont été portées à l'ébullition.* En outre, je recueille ces particules et je vous les montre au microscope formées de débris amorphes associés à des corpuscules organisés qui ressemblent complétement à des œufs infusoires ou à des spores de cryptogames.

Voulez-vous, vous, partisan de la génération spontanée, soutenir encore vos principes en présence de ces faits? vous le pouvez. Mais il faudra que vous disiez que vous préférez placer l'origine des productions organisées dans les débris amorphes, la suie, le carbonate de chaux, la silice, les brins de laine.... plutôt que dans les corpuscules, qui ressemblent tant aux germes de ces mêmes productions. L'inconséquence d'un pareil raisonnement ressort d'elle-même. C'est le progrès de mes expériences d'y avoir acculé les partisans de la doctrine de la génération spontanée, qui jusque-là pouvaient invoquer l'existence possible dans l'atmosphère de je ne sais quel principe mystérieux, gaz ou fluide, capable de provoquer la naissance des générations dites spontanées.

M. Pouchet présente *comme une immense objection,* ce sont ses expressions, que dans mes ballons je ne vois pas naître de gros infusoires ciliés, des kolpodes, des vorticelles.... Mais je vois naître dans mes ballons ce que j'y vois naître quand je les expose librement au contact de l'air pendant quelques jours.

Si M. Pouchet venait me dire : Voici une infusion qui a subi l'ébullition et qui, dans l'espace de deux ou trois jours, va fournir, à l'air libre, des gros infusoires ciliés, et que je ne pusse pas les faire naître dans mes ballons, sous l'influence de l'ensemencement des poussières en suspension dans l'air, ce serait là une grave objection. Mais je ne connais rien de pareil et je vois toujours le liquide de mes ballons s'altérer comme il s'altère à l'air. Ce sont tout à fait des productions de même ordre.

Ce qui trompe ici M. Pouchet, c'est la différence bien réelle qui existe entre les infusions qui ont été portées à l'ébullition et celles qui n'ont pas été chauffées, sous le rapport du nombre et de la variété des infusoires. Il est certain, par exemple, que si l'on fait une infusion de foin à froid, elle offrira quelques jours après des infusoires bien plus variés, de bien plus grande dimension, que la même infusion préparée à la température de l'ébullition. Je ne saurais dire exactement la cause de cette différence. Doit-elle être attribuée à des germes que le foin brut, que le poivre brut.... renfermeraient, et que l'ébullition ferait périr, ou bien à la nature et à la qualité des substances des organes des êtres vivants, lesquelles jouissent de propriétés spéciales que la chaleur modifie profondément ? Je l'ignore ; c'est à rechercher.

Que dans un ballon librement exposé à l'air on voie apparaître, au bout de quelques semaines, de gros infusoires qui ne se montreraient pas dans mes ballons après quelques jours, je ne trouverais à cela rien que de très-naturel. En effet, tout le monde sait que les premiers infusoires des infusions sont toujours les plus petits ; jamais la vie ne débute par de gros infusoires. Or ces petits infusoires altèrent l'air promptement, lorsque l'air est en quantité limitée dans un ballon fermé. Les gros infusoires ne peuvent donc se montrer. Lorsqu'ils pourraient apparaître, il n'y a plus d'air pour les faire vivre.

Voulez-vous savoir avec quelle rapidité l'oxygène peut disparaître dans un de nos ballons, sous l'influence de la vie des petits infusoires ?

Le 2 juillet 1860, j'ai vu apparaître de petits *bacteriums* dans un ballon de 250 centimètres cubes, renfermant 80 centimètres cubes de liquide. Le 4 juillet, j'ai analysé l'air du ballon. Il renfermait :

Oxygène	4,3
Acide carbonique	11,3
Azote par différence	84,4
	100,0

Quoi qu'il en soit, je le reconnais, l'origine des gros infusoires est une question à examiner, qui exige des recherches particulières. Mais ne confondons pas des difficultés qu'un travail approprié résoudra facilement, avec des impossibilités, des objections radicales pouvant renverser toute une théorie.

Il y a dans le sujet une véritable objection, grave, sérieuse, capitale, à laquelle j'ai hâte d'arriver. Partisans et adversaires des générations spontanées, tout le monde admet que la plus petite quantité d'air commun mise au contact d'une infusion quelconque y détermine en peu de temps la naissance des mucédinées et des infusoires propres à cette infusion.

Cette manière de voir a toujours eu pour appui, au moins indirect, l'habitude prise et jugée indispensable par les observateurs, d'éloigner avec des précautions infinies, dans leurs expériences, l'accès de l'air ordinaire.

Dès lors les partisans des générations spontanées s'empressent de faire remarquer que si la plus minime portion d'air ordinaire développe des organismes dans une infusion bouillie quelconque, il faut de toute nécessité, au cas où ces organismes ne sont pas spontanés, que dans cette portion si petite d'air commun il y ait les germes d'une multitude de productions diverses; et qu'enfin, si les choses sont telles, l'air ordinaire doit être encombré de matière organique. Elle y formerait un épais brouillard.

Voilà la grande objection des partisans de la génération spontanée, appuyée, comme on le voit sur une assertion proclamée vraie par les deux partis, assertion qui peut en quelque sorte se résumer ainsi : Dans l'atmosphère il y a continuité de la cause des générations dites spontanées.

Il est assez curieux de rechercher quelle est la source de cette assertion généralement admise. Si vous voulez des preuves directes, vous n'en trouverez pas. Ce sont de ces notions que l'on rencontre partout, partout regardées comme des principes bien établis, mais dont les preuves ne sont nulle part. Je crois que celle-ci a eu pour origine ce fameux mémoire de Gay-Lussac sur les conserves d'Appert, dont j'ai déjà parlé. C'est dans ce mémoire, remarquez-le bien, que Gay-Lussac, trouvant qu'il n'y a plus d'oxygène dans l'air des conserves, affirme que l'absence de l'oxygène est nécessaire pour l'inaltérabilité des conservés; c'est dans ce mémoire qu'il conserve du lait pendant deux mois en le faisant bouillir quelques instants chaque jour, pour chasser, dit-il, l'air dissous ; c'est dans ce mémoire enfin que vous trouvez cette expérience classique sur le moût de raisin qui entre en fermentation après qu'il a été mis en contact de quelques bulles d'oxygène, bulles infiniment petites a-t-on dit et répété. En confondant toutes ces choses, faits et interprétations, un peu comme elles l'étaient dans le mémoire de Gay-Lussac, on en est venu à affirmer que la plus petite quantité d'air commun suffisait pour provoquer la fermentation et pour altérer les conserves d'Appert.

Et de là, comme je l'ai dit, l'objection très-judicieuse faite par les partisans de la doctrine de l'hétérogénie.

Mais nous allons reconnaître que l'assertion dont il s'agit est une grosse exagération, et que, comme on devait s'y attendre dans l'hypothèse de la dissémination des germes, il n'y a pas du tout dans l'atmosphère continuité de la cause des générations dites spontanées.

Les expériences suivantes me paraissent aussi simples que démonstratives.

Dans un ballon de 250 centimètres cubes environ je place 80 à 100 centimètres cubes d'une liqueur putrescible, par exemple de l'eau de levûre de bière. J'effile le col du ballon, puis je fais bouillir la liqueur pendant deux à trois minutes, et je ferme la pointe effilée à la lampe pendant l'ébullition, de manière à pratiquer un vide dans le ballon par le refroidissement. Si dans un tel ballon on fait arriver de l'air calciné, il ne provoque aucune altération.

Cela posé, ouvrons ce ballon dans un lieu déterminé. L'air s'y précipitera avec force, emportant avec lui toutes ses particules en suspension. Refermons alors la pointe à la lampe et abandonnons le ballon à lui-même. S'il n'y a pas d'altération du liquide, c'est évidemment que le volume d'air introduit ne renfermait rien qui pût amener l'altération de la liqueur. Et si l'on répète plusieurs fois l'expérience, on saisira en quelque sorte dans leur variété les germes disséminés dans le lieu où l'on aura fait les prises d'air.

Or on s'assure facilement, à l'aide de pareils essais, que l'on peut toujours prélever dans un lieu quelconque un volume notable d'air ordinaire, n'ayant subi aucune sorte de modification physique ou chimique, tout à fait impropre à déterminer des productions organisées quelconques dans un liquide éminemment putrescible.

On reconnaît également, en choisissant les époques
pour un même lieu, ou des localités diverses à une
même époque, que l'on peut à volonté augmenter ou
diminuer le nombre des ballons qui s'altèrent. Que
l'on ouvre par exemple deux séries de ballons, l'une
dans la cour de l'Observatoire de Paris, l'autre dans
les caves de cet établissement, dans la zone de température invariable où l'air est très-calme, il y aura toujours beaucoup plus de ballons qui resteront intacts
parmi ceux qui auront été remplis dans les caves ; et
tout annonce que la totalité des ballons resterait sans
altération si l'opérateur ne transportait avec lui des
poussières et, par suite, des germes.

Voici des ballons qui ont été ouverts au mois de
septembre 1860 sur la Mer de glace, au Montanvert, à
2000 mètres de hauteur. Sur vingt ballons, un seul a
donné une production.

A la même époque j'ai ouvert sur le Jura, à 850 mètres d'élévation, vingt autres ballons pareils ; cinq ont
donné des productions organisées, et huit sur vingt en
ont fourni dans la campagne, loin de toute habitation,
au pied du premier plateau du Jura.

Il faudrait sans doute multiplier beaucoup ces essais.
Mais enfin il est arrivé dans ces études préliminaires
que la diminution des germes en suspension dans l'air
a été en correspondance évidente avec la hauteur plus
ou moins grande à laquelle on avait opéré.

Il en doit être ainsi. Ne voyons-nous pas, lorsqu'un
nuage de poussière se forme, ce nuage avoir des limites
peu éloignées. Sans doute une partie des corpuscules va plus haut, mais le nombre de ceux qui dé-
passent les limites visibles doit singulièrement diminuer avec la hauteur.

J'ai la conviction que des prises d'air faites à quelques mille mètres, avec un aérostat, établiraient que

l'air est à ces hauteurs d'une pureté parfaite. Seulement il faudrait de grandes précautions pour éloigner les poussières des vêtements de l'opérateur ou des objets qu'il emporte avec lui.

Vous voyez, messieurs, par les expériences que je viens de mettre sous vos yeux, toute l'exagération de cette assertion que la plus petite quantité d'air commun suffit pour déterminer dans une infusion la naissance des infusoires et des cryptogames propres à cette infusion. Ainsi dans ces expériences au Montanvert j'ai mis plusieurs litres d'air en contact avec la liqueur putrescible, et ce volume d'air relativement considérable n'a pas plus agi que de l'air qui aurait été calciné.

Mais, direz-vous, l'expérience de Gay-Lussac sur les grains de raisin, comment l'expliquer? Pourquoi réussit-elle? Il y a beaucoup à dire sur cette expérience. Elle me préoccupe depuis longtemps à divers points de vue, et j'espère me rendre tout à fait maître de l'explication qu'elle doit recevoir. Dès à présent nous pouvons remarquer la différence qui existe entre cette expérience et des essais de la nature de ceux que je viens de rapporter.

Dans l'expérience de Gay-Lussac les vases et les liquides n'ont pas été chauffés préalablement. L'éprouvette dont on se sert est toujours plus ou moins couverte de poussières, les grains de raisin également, le mercure lui-même en est chargé. La bulle d'oxygène que l'on introduit rencontre donc des germes de toute sorte, et comme l'une des productions qui se forment le plus facilement dans du moût de raisin est la levûre de bière, on comprend que ce soit le germe de la levûre de bière qui se développe de préférence, et de là la fermentation.

C'est ici le lieu de parler des inconvénients de

l'emploi de la cuve à mercure dans les expériences relatives aux générations dites spontanées. Dans mes premiers essais d'ensemencement des poussières qui sont en suspension dans l'air dans des liqueurs putrescibles, en présence de l'air calciné, j'opérai sur la cuve à mercure. Or toutes mes expériences à blanc réussissaient aussi bien que les autres. C'est qu'il est impossible de manipuler sur le mercure sans introduire dans les vases une partie des poussières qui sont à la surface du mercure ou sur les parois de la cuve, et jusque dans la masse même du liquide. Du jour où le mercure est sorti de la mine il est exposé aux poussières qui sont en suspension dans l'air et qui tombent à sa surface. Avez-vous jamais remarqué comment les choses se passent lorsque l'on enfonce dans le mercure un objet quelconque, par exemple un tube de verre, et qu'il y a à la surface du mercure une couche de poussière? Les poussières de la surface viennent se loger dans la gaîne comprise entre le mercure et le tube, et elles y viennent d'une distance d'un décimètre si on enfonce le tube d'un décimètre. De sorte que quand vous faites passer dans un ballon préparé avec beaucoup de soin, rempli d'un liquide qui a subi l'ébullition, un tube de verre dans certaines conditions, si vous croyez être à l'abri des germes étrangers, vous vous trompez, vous en introduisez un très-grand nombre.

Mais dans l'intérieur même du mercure il y en a toujours. Il n'y a pas de liquide plus propre à les cacher et à les retenir. Voici une expérience facile à répéter. On prend un ballon contenant un liquide organique qui a bouilli et vide d'air. On brise sa pointe au fond de la cuve. Le mercure rentre dans le ballon ; on y fait arriver alors de l'air calciné ou de l'air artificiel. Eh bien, j'ai toujours vu au bout de peu de jours des moisissures apparaître dans le liquide. Il est évident que c'est le mercure qui en avait apporté les germes.

Or c'est précisément là une des expériences de même ordre que celles que M. Pouchet avait produites lorsqu'il a soulevé de nouveau le débat sur la question des générations spontanées. Il renversait sur le mercure un ballon plein d'eau bouillante, y faisait passer un peu de foin qui avait été chauffé, puis de l'air calciné ou de l'air artificiel. Il avait des productions. C'est que le foin, lui dit-on, n'a pas été assez chauffé. Alors il le chauffa jusqu'à le carboniser. Il eut le même résultat. C'est, lui dit-on, que vous laissez rentrer de l'air ordinaire. Non. Là n'étaient pas les causes d'erreur. C'est le mercure qui apportait les germes, à son insu, et à l'insu de tout le monde. Supprimez en effet la cuve à mercure, et toutes les expériences prennent une netteté parfaite. Celles qui doivent réussir réussissent. Celles qui doivent échouer échouent. Il n'y a jamais d'exceptions, d'accidents quelconques, d'incertitudes d'aucune sorte.

Je m'aperçois, messieurs, que je me laisse trop aller au plaisir de répondre à l'intérêt que vous paraissez prendre à ces études. Le temps me presse, et j'avais encore plusieurs séries d'expériences à mettre sous vos yeux. J'aurais désiré vous parler de mes expériences sur le lait et en général sur les liquides légèrement alcalins. Vous auriez vu que dans ce cas une ébullition à 100° de deux à trois minutes ne suffit pas pour tuer les germes des infusoires-vibrions, ce qui fait que ces liquides se putréfient même en présence de l'air calciné. Mais il suffit d'élever de quelques degrés seulement la température de l'ébullition, pour que ces liquides se conservent intacts comme tous les autres en présence de l'air qui a été chauffé.

J'aurais désiré également vous parler des expériences

de productions d'infusoires et de cryptogames dans des liquides formés de principes en quelque sorte purement minéraux, tels que le sucre candi, les phosphates et les sels d'ammoniaque. Les théories sur l'origine des générations spontanées ne sont plus applicables ici. On ne peut plus invoquer *les forces génésiques* des matières albuminoïdes qui ont eu vie, puisque ces matières albuminoïdes sont supprimées.

Quoi qu'il en soit, messieurs, n'exagérons rien. Dans des sujets aussi délicats, sachons nous arrêter là où s'arrête l'expérience. Mon travail ne s'applique qu'à des infusions qui ont subi préalablement la température de l'ébullition. En ce qui concerne de semblables infusions, je regarde comme rigoureusement démontré par mes expériences que tous les infusoires et toutes les cryptogames qui s'y développent proviennent de germes qui sont en suspension dans l'air. Qu'un partisan de la doctrine des générations spontanées fasse telle supposition qu'il voudra au sujet des infusions qui n'ont pas été bouillies, je ne le suivrai pas, parce que je n'aurais plus l'expérience pour guide. Je suis en outre le premier à reconnaître que dans le sujet qui nous occupe il y a encore nombre de problèmes à résoudre, et, pour n'en citer que quelques-uns : quelle est l'origine des gros infusoires ? D'où vient la différence que l'on remarque entre les infusions qui ont été bouillies et celles qui ne l'ont pas été, sous le rapport de la variété des productions organisées, notamment des gros infusoires ? Qu'arriverait-il si l'on plaçait au contact de l'air calciné les liquides bruts de l'économie, non chauffés préalablement, tels que l'urine, le lait, le sang ?

Ces questions méritent toute l'attention des natu-ralistes.

A côté d'elles, combien d'autres sujets d'études pleins

d'intérêt soulève le mode de vie.de ces petits êtres réunis sous l'expression de générations spontanées! Je suis au milieu d'eux depuis plusieurs années, et il me semble que ma vie serait trop courte si je voulais aborder toutes les questions qui se pressent devant moi.

Aussi combien je m'étonne quand je vois l'histoire naturelle ne pas tendre la main à l'expérience, ne pas s'efforcer de transporter chez elle les vrais principes de la méthode expérimentale, qui a renouvelé dans l'espace de soixante à quatre-vingts ans les sciences physiques et chimiques, et par elles transformé pour ainsi dire toutes les conditions matérielles des sociétés modernes!

J'ai la persuasion que l'on ferait passer dans toutes les branches de l'histoire naturelle une séve nouvelle en y introduisant l'expérience, l'expérience vraie, celle qui mérite ce nom, l'expérience à la hauteur de l'état présent des sciences physiques et chimiques.

Plus j'avance dans ces études des êtres inférieurs, plus je suis frappé de l'insuffisance de la description pour arriver à la connaissance, je ne dirai pas seulement de leurs propriétés physiologiques et de leur rôle dans l'économie de la nature, — ceci pourra paraître évident, — mais bien plus, de leur place dans les classifications et même de la dénomination qu'il faut leur attribuer.

PARIS. — IMPRIMERIE DE CH. LAHURE ET Cⁱᵉ
Rues de Fleurus, 9, et de l'Ouest, 21

www.ingramcontent.com/pod-product-compliance
Lightning Source LLC
LaVergne TN
LVHW010211070726
842528LV00014B/1037